环球探险记

地下三万米

日知图书◎编著

北方妇女儿童出版社
·长春·

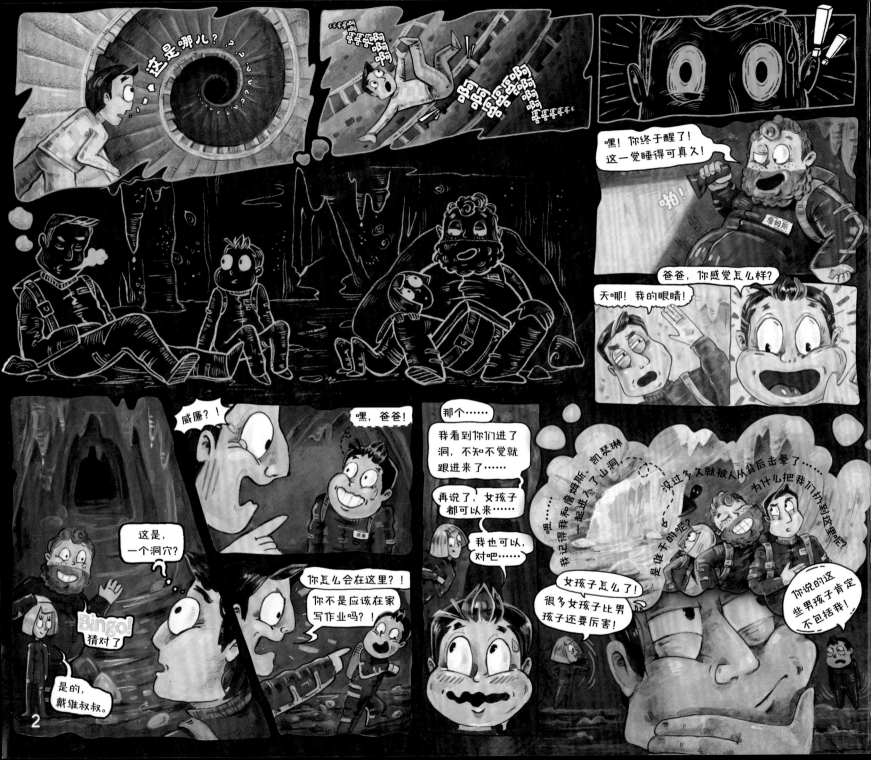

这段旅程比想象中要艰难许多。

很多时候，他们不得不紧紧地趴在地上以通过狭隘的通道。

喷出岩
（岩浆岩）

岩浆冷却后就会形成岩浆岩。如果岩浆沿着地下通道喷出地表后才冷却，那么这样形成的岩浆岩叫作喷出岩。

危险！

岩浆

"岩浆"这个词最早来自希腊，意思是像粥一样的物体。

岩石主要分为岩浆岩、变质岩和沉积岩，它们形成的原因不同，但有时可以相互转化。如果地下存在一个"岩石制造工厂"的话，那么这个工厂可能会是这样的——

侵入岩
（岩浆岩）

如果岩浆在地下流动时就冷却了，那么这时形成的岩浆岩就叫作侵入岩。

喷出岩小分队注意！请将喷出岩放到这条传送带上。

哇！侵入岩的种类真不少！

苦橄岩　玄武岩　安山岩　流纹岩　响岩

橄榄岩　辉长岩
闪长岩　花岗岩
霞石正长岩

你知道吗，玄武岩也是构成月球的主要岩石之一。

法国人指的是法国的人们，那安山岩指的是安山的岩石吗？

不一定，这种岩石的名字的确来源于南美洲西部的安第斯山脉，但其他地方也有这种岩石。

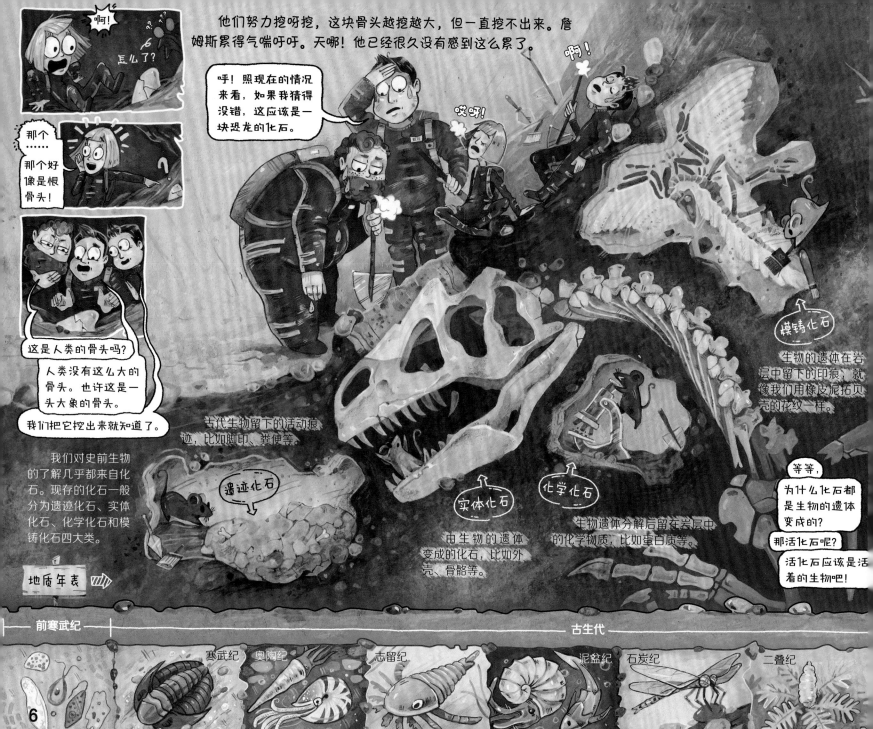

离开恐龙化石已经很久了，但威廉依然兴奋不已。戴维一边小心地观察着周围的环境，一边回应着威廉。

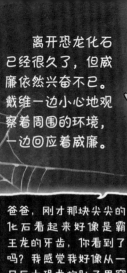

爸爸，刚才那块尖尖的化石看起来好像是霸王龙的牙齿，你看到了吗？我感觉我好像从一只巨大恐龙的肚子里穿过去了，因为我看到了它的肋骨……

最新发现

闯入法老墓的人员相继离奇去世 难道真的有诅咒存在吗？

1922年，英国考古学家霍华德·卡特发现了图坦卡蒙法老的陵墓。然而，在闯入法老墓后不久，参与行动的人员中就有人离奇去世，难道"法老的诅咒"真的存在吗？

最新发现！令人闻风丧胆的"法老的诅咒"很有可能是由看不见的古老微生物引起的感染。

地心深处会有生命存在吗？ 这种细菌也许能给人们答案

据悉，科学家在南非2800米深的金矿中发现了一种细菌，他们将它命名为"金矿菌"，也称"勇敢的旅行者"。令人惊叹的是，这种细菌不呼吸氧气，也不依赖阳光或光合作用来获取能量。

一个"你不用离开地球就能尽可能地带近另一个星球"的地方。

她原本以为在这么深的地底，任何生物都无法生存，但当她抬头观察洞穴顶部一个毛茸茸的绿色地质产长物时，一滴水落到了她的眼睛里。紧接着，她的眼睛肿胀了起来，这意味着她可能被微生物感染了。

勇敢者日报 微生物特辑

独家 生命的极限在哪里？ 地下600多米的洞穴深处未知生物依旧活跃！

1994年，来自美国新墨西哥州的生物学家彭尼·波士顿下到了600多米深的雷修古拉洞里。据彭尼说，那是

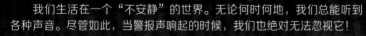

正当大家准备休息一下时，衣服上的警报器突然响了起来，所有人都被吓了一跳。

小心！

怎么了？发生什么事情了？

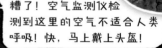

嘀！嘀！嘀！嘀！

糟了！空气监测仪检测到这里的空气不适合人类呼吸！快，马上戴上头盔！

我们生活在一个"不安静"的世界。无论何时何地，我们总能听到各种声音。尽管如此，当警报声响起的时候，我们也绝对无法忽视它！

防空警报

空袭警报

爸爸，我害怕！

地震警报

火灾警报

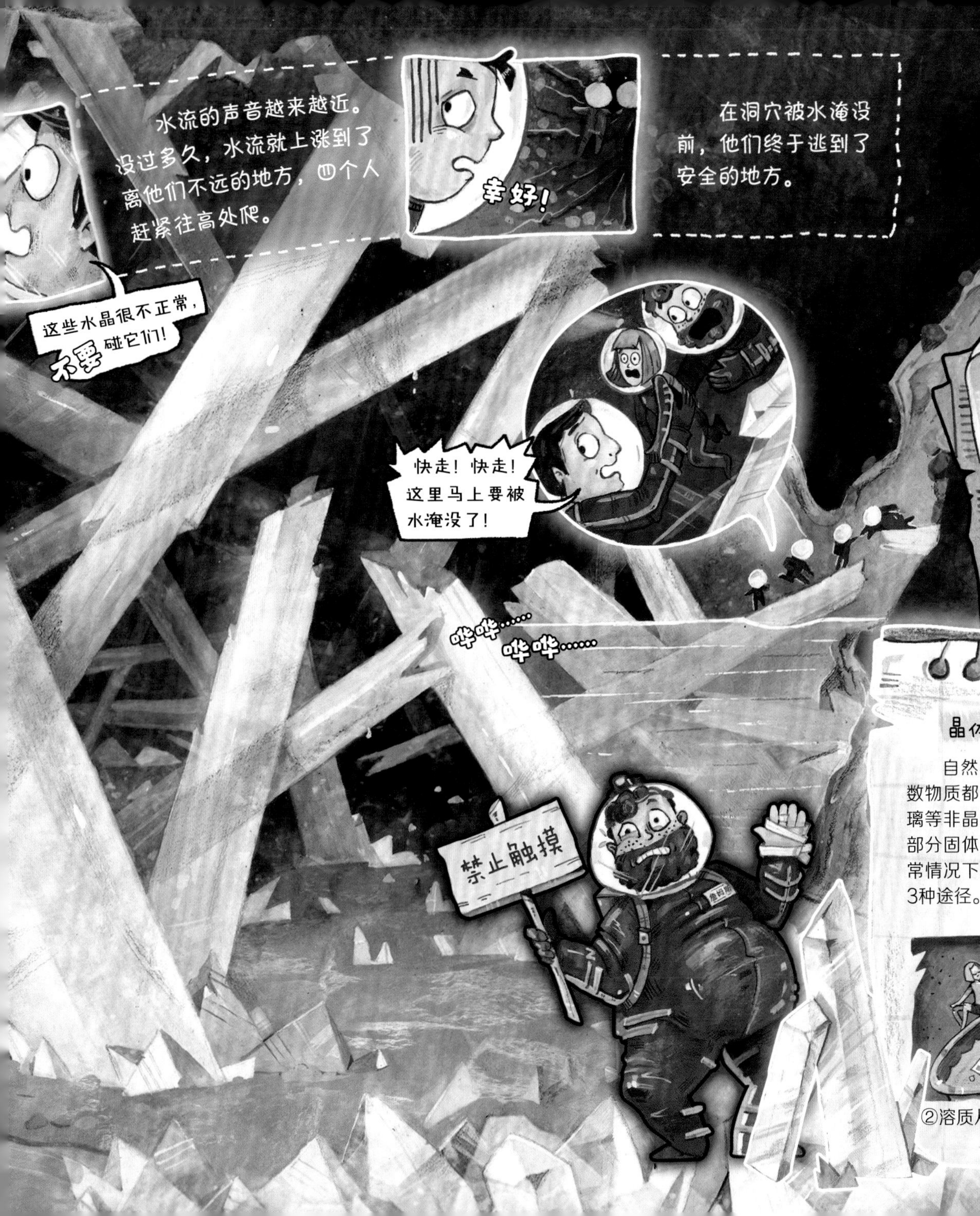

水流的声音越来越近。没过多久，水流就上涨到了离他们不远的地方，四个人赶紧往高处爬。

幸好！

在洞穴被水淹没前，他们终于逃到了安全的地方。

这些水晶很不正常，不要碰它们！

快走！快走！这里马上要被水淹没了！

哗哗……

哗哗……

禁止触摸

晶体的形成

自然界中的绝大多数物质都是固体。除玻璃等非晶体物质外，大部分固体都是晶体。通常情况下，得到晶体有3种途径。

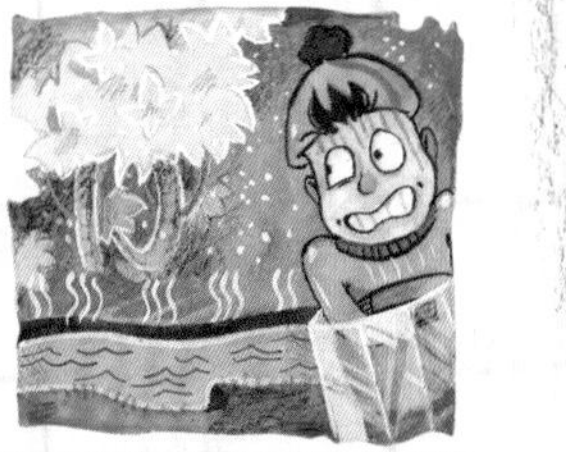

①气态物质直接变成晶体。

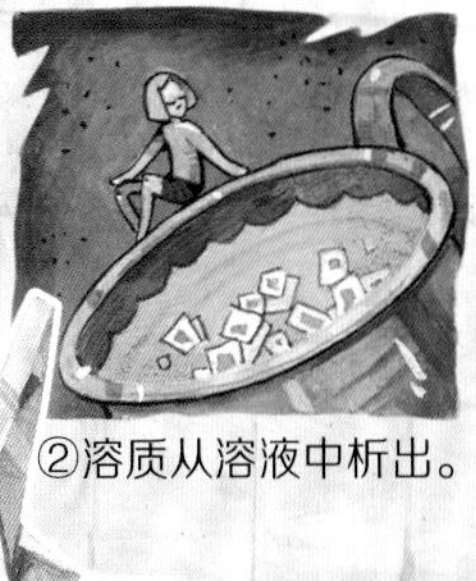

②溶质从溶液中析出。

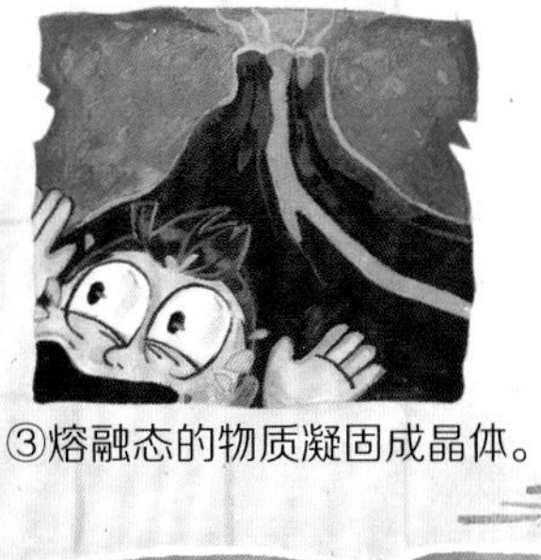

③熔融态的物质凝固成晶体。

隧道里越来越宽阔，他们终于可以好好地舒展身体了。

在很长一段时间里，人类都将洞穴作为天然的居住地。洞穴可以挡风遮雨，还可以预防野兽的侵袭。随着时代的发展，人们渐渐习惯了在城市里生活，但洞穴仍然默默存在着。

土耳其的格莱梅

中国的窑洞

这看起来好像我家的房子。

这个戴着面具的人被牛撞倒了，好可怜哪！

在岩壁的角落里，凯瑟琳发现了一个小孩儿的手印。鬼使神差之下，她把自己的手放了上去，没想到居然完美贴合！

在某一次转弯后，一头巨大的"牛"突然出现在大家眼前。

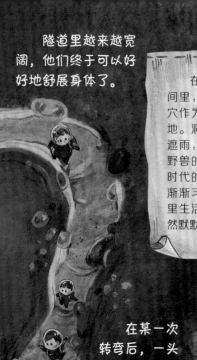

是岩画！

这些岩画的绘画手法不同，看来并不是同时完成的。

看！这里有一匹马！

旁边的那个是驯鹿吗？

这两头牛好像马上就要打起来了！

太难得了！这看起来像是旧石器时代的艺术作品。

继续往前走，一个巨大的画廊出现了。凯瑟琳和威廉一边好奇地抬头看这些岩画，一边叽叽喳喳地讨论着。

尽管大家都想再多看看这些珍贵的岩画，但他们现在正面临着生存危机，所以在戴维的催促下，大家只好继续往前走。

罐藏　干藏　冻藏　辐射保藏　烟熏保藏　腌渍保藏

从古至今，为了防止食物变质，延长食物的保质期，人们想出了各种方法。

爸爸，这里有一罐糖果！

戴维，这里还有健身器材！不瞒你说，我曾经也为我的肌肉努力过！

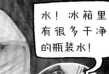

水！冰箱里有很多干净的瓶装水！

快来，孩子们！这里有很多罐头！都还在保质期内，完全可以食用！

多亏了这些罐头！在地下待了这么久，他们终于可以安心地吃一顿饱饭了。

谢谢款待！

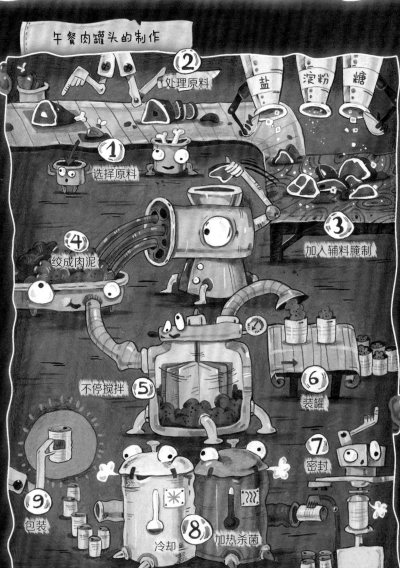

午餐肉罐头的制作

② 处理原料　盐　淀粉　糖

① 选择原料

③ 加入辅料腌制

④ 绞成肉泥

⑤ 不停搅拌

⑥ 装罐

⑦ 密封

⑨ 包装

⑧ 冷却　加热杀菌

无论是小孩子还是看起来无所不能的大人，大家都会遇到让自己感到恐惧的东西，只不过大人会通过回避或者自我鼓励的方式来让自己看起来无所畏惧。

杏仁体是大脑中控制恐惧情绪的关键部位。

它长得很像一颗杏仁，所以叫这个名字。

密集恐惧症

尖物恐惧症

离我远点儿！

广场恐惧症

这里有好多人哪！

恐高症

太高了！我要掉下去了！

幽闭恐惧症

我感觉要窒息了！

巨物恐惧症

它是不是要吃掉我了？怎么办？我跑不过它！

对一些事情感到恐惧并不可耻。相反，它可以保护我们免受伤害，就像火会烧伤我们的皮肤，所以我们要远离火源一样。

但有时候，这些恐惧会妨碍我们的正常生活，所以，如果感到恐惧，我们可以试着深呼吸，放松身体，告诉自己"我可以"。当然，如果做不到也用不着感到难过，毕竟大家都有害怕的东西。

17

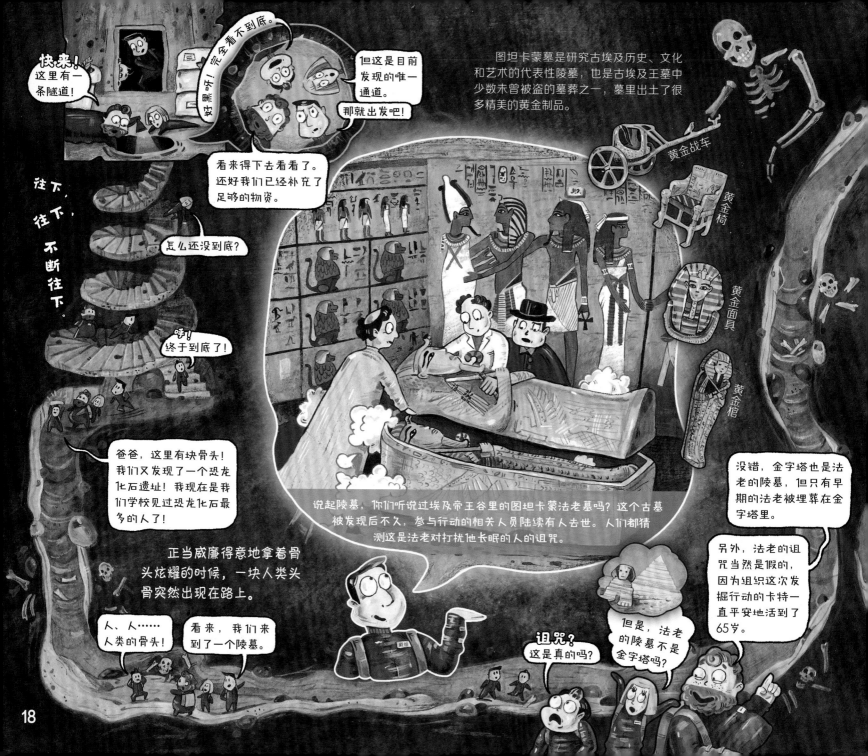

对了，我还听说过一种非常特别的陵墓，它的造型就像是一条船。

你说的应该是英国的萨顿胡船葬。不过遗憾的是，当地的土壤腐蚀了木质的船体和墓主的遗体，所以除了用于陪葬的金银器外，人们在现场只发现了一些用来固定船的铆钉。

船完全消失了吗？那真是太遗憾了。

我们一定要在陵墓里讲这种可怕的事情吗？

没有人知道。但这并不妨碍人们展开想象。在古埃及的神话传说中，奥西里斯掌管着冥界。当一个人死亡后，他的灵魂就会前往冥界迎接奥西里斯的审判。

天堂和地狱只是人们对于死后世界的另一种想象。

人的灵魂难道不会进入天堂吗？

爸爸，死后的世界究竟是什么样子的呢？

可怕……没错，通常情况下，人们都认为死亡是一件严肃的、悲伤的、可怕的事情，但墨西哥人不这样认为。每年亡灵节，他们都会化装成骷髅，唱歌跳舞，在欢声笑语中表达对已经去世的朋友和亲人的思念。

我知道！我看过一部讲这个节日的电影，叫……

《寻梦环游记》，我超级喜欢那部电影！

我记得那句台词——"死亡不是生命的终点，遗忘才是。"

慢慢地，周围的骨头变得越来越少，看起来，他们已经走出了陵墓区。

进入古墓是一件非常危险的事情，我们应该庆幸没有进去。

我可不想进去。

我也不想。

我还以为我们会进入墓室呢！这可是我距离古代陵墓最近的一次。

如果能进去看一看，我就可以多积累一些小说素材。

从旧石器晚期开始，人类就有了埋葬遗体的意识。有时候，这些遗体周围还会放上一些简单的贝壳、兽牙装饰品。这就是最早的陪葬品。

从不同时代的陪葬品中，考古学家们能够得到很多信息。

四个人继续前进。突然，走在最后的詹姆斯停了下来，他把脸紧紧地贴近岩壁，仔细地观察着。
"这些金黄色的点……难道是黄金？！"
"黄金？！"
所有人都非常吃惊。

没错，金矿里的黄金和我们平时看到的完全不一样。它们藏在各种岩石里，有时候，一吨金矿石才能提取出十几克黄金。

就算这里真的有一座金矿，我们现在也没有时间和精力去提取黄金。

自然界里也有稍微大一点儿的黄金，但数量非常少。

我可没看出来那些岩石和黄金有什么关系。

詹姆斯还想再仔细看看，但孩子们已经走远了，他只好恋恋不舍地离开了。

要是我知道自己现在在哪里就好了。

等我回到地面，就可以来这里开采黄金。唉，这糟糕的旅程！

走吧！人生就是这样，总有很多遗憾，别太在意。

这组曾侯乙编钟的出现改写了世界音乐史！每件钟的正面和侧面都可以发出不同的声音，整件乐器的音域可以达到5个八度，且半音齐全！

自古以来，黄金就用来制造饰品和货币。它不容易被腐蚀，不容易被氧化，所以即使过去很久也可以保存得很好。

不过，不是所有的黄金制品都是纯金。K是用来表示黄金纯度的单位。

纯金是24K。

18份的黄金加上6份的其他金属称为18K。

14份的黄金加上10份的其他金属称为14K。

10份的黄金加上14份的其他金属称为10K。

哈！强力腐蚀！

攻击无效，怎么办？

你有没有听到地下有人在说话的声音？

没有哇！走吧，赶紧回去休息吧！

等我出去后，我一定要好好吃一顿大餐！

勇敢者日报

1848是下一个淘金客，是你吗？

1848年，美国的加利福尼亚州发现一个大金矿，无数淘金客闻风而来，梦想着自己能一夜暴富。短短几年内，这里的人口增加了至少20万人。开采黄金是一件需要长期进行的工作，因此这些疯狂涌入的淘金客直接拉动了当地的房地产经济——在移民潮的巅峰时期，这里平均每天要建造30栋房屋！而一块土地的价格也从原本的16美元涨到了4.5万美元。

如何找到属于你的黄金？

想要成为淘金客，却不知道该怎么做？其实，你需要准备的只有耐心、细心和一个盆子！

记住，黄金不溶于水，所以用水筛选黄金是最简单、最传统的方法。你只需要把要筛选的矿土倒进盆子里，然后把盆子放进流动的河里，不停地转动，让河水把矿土里的杂质带走，直到最后剩下黄金。

可以倒是可以，但是只有极少数人能够通过淘金致富。

爸爸，淘金真的能给人们带来财富吗？

21

从金矿出来后，
不知道又走了多久，
所有人都累了。
大家气喘吁吁地坐在地上，
连说话的力气都没有。
突然，戴维看着地上说：
"我好像听到了水声。"
为了听得更清楚一些，
他俯下身体，
把耳朵贴紧地面。

溶洞的形成过程

世界上的岩石有很多种类，但溶洞只出现在石灰岩中。这是因为自然界的雨水中含有二氧化碳，当雨水渗入地下后，含有二氧化碳的水流会慢慢溶解地下的石灰岩。石灰岩上的缝隙越来越大，最终形成了溶洞。

钟乳石通常倒挂在溶洞中。

边石坝和人们开垦的梯田很相似。

石幔看起来就像舞台上的帷幕。

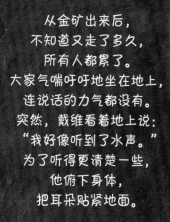

太好了！沿着水流走，我们很快就能走出……

啊！

没错！前面有水流！

它们不会掉下来吧？

詹姆斯"腾"地一下站了起来。

扑通！

呀！虚惊一场！还好走在前面的是我，而不是凯瑟琳。

声音可以在固体、液体和气体中传播，但在不同的物质中，声音传播的效果是不同的。一般来说，声音在固体中的传播效果要比声音在气体中的传播效果好。

这是一条地下河。河岸上有许多尖尖的"竹笋"，头顶上也有很多尖尖的"长矛"。这些"长矛"上不断有水滴落下来。滴答滴答，就像有人在窃窃私语。

固体　气体

② 水蒸气遇冷变成雨水、雪花或冰雹等降落到地面上或者海洋里。

③ 降水一部分被植物吸收，一部分在地面形成了河流，还有一部分渗入了地下。

① 在太阳的作用下，海洋和陆地上的水变成水蒸气，上升到大气中。

④ 地上和地下的河流汇入海洋中。

从地球诞生之初到现在，地球上的水的总量没有发生太大的变化，这是因为这些水总是在不停地循环着。

威廉倒是一点儿都不害怕，他一会儿东看看，一会儿西瞧瞧。

爸爸，这是哪里呀？

这里的石头看起来好奇怪！咦？这是什么？

这是溶洞。你看到的那个是穴珠，也有人叫它石珍珠。

威廉发现这里的河水非常干净，于是想用水壶补充一些饮用水。戴维看到后赶紧制止了他——

等等！这里的水不干净，千万不能直接饮用！

钟乳石的下方一般会有对应的石笋。

这里的钟乳石和石笋这么多，为什么石柱这么少呢？

穴珠不是真的珍珠，而是像石笋一样的沉积物。

钟乳石和石笋不停地生长，最终连接成石柱。

因为它们的生长速度非常慢，平均每100年才会长高8~15毫米，所以想要连接在一起非常不容易。我们现在看到的这些钟乳石和石笋，很有可能已经生长了十几万年。

23

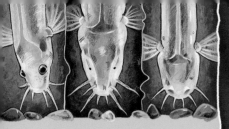

长期生活在黑暗里的动物，身体会发生一些非常神奇的变化，比如身体逐渐失去鲜艳的颜色，与环境融为一体，或者眼睛逐渐退化消失等。

洞螈

皮肤上有传感器

鳃长在身体外面

洞穴螃蟹

透明金线鲃

西畴高原鳅

洞穴千足虫

看着威廉疑惑的表情，戴维一边从背包里拿出饮用水过滤装置，一边耐心地向他解释。

有水的地方，往往会有生命存在。如果直接接水，说不定会把这些动物或者动物的排泄物一起装进瓶子里，所以我们需要用到饮用水过滤装置。

糟糕！

前面没有路了！

也许水里会有路。

还好我们的装备是防水的。来吧，戴上头盔！

生命是非常顽强的。我曾经在很多看似不可能有生命存在的洞穴里发现了生物。

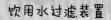

饮用水过滤装置

中空纤维分离膜可以将水中的悬浊物分离出来。

活性炭过滤材料可以吸附数十种有害物质。

他们沿着地下河前进，没过多久，来到了一个地下湖泊。湖泊周围都是岩石，没有任何路可以继续走。

幸运的是，戴维真的在水里找到了一条路！于是他拿着绳子在前面引路，其他人拉着绳子跟在后面。

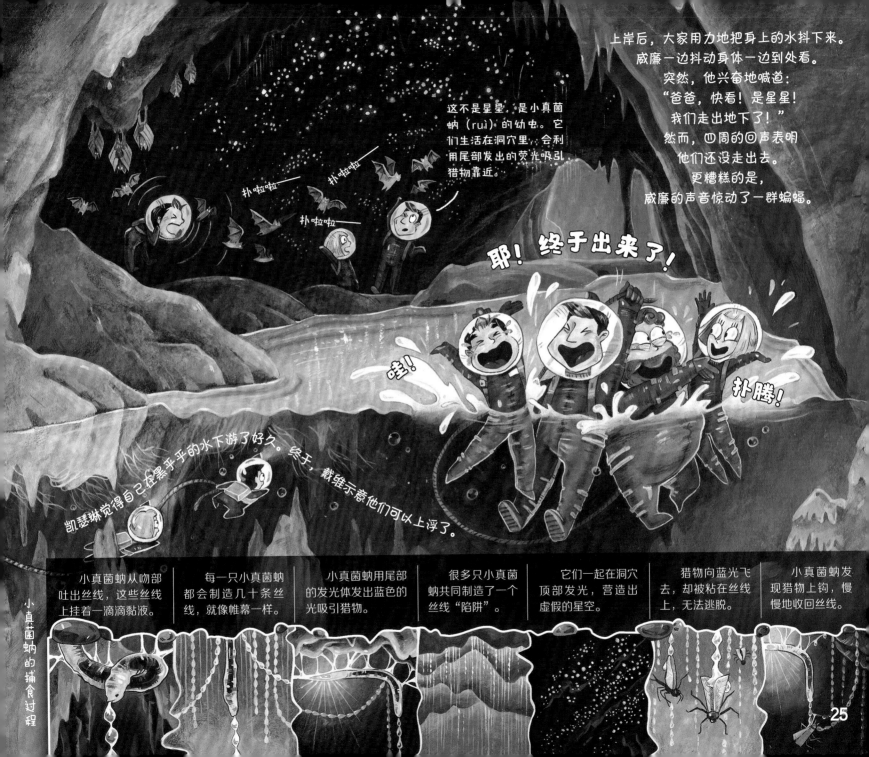

上岸后，大家用力地把身上的水抖下来。
威廉一边抖动身体一边到处看。
突然，他兴奋地喊道：
"爸爸，快看！是星星！
我们走出地下了！"
然而，四周的回声表明
他们还没走出去。
更糟糕的是，
威廉的声音惊动了一群蝙蝠。

这不是星星，是小真菌蚋（ruì）的幼虫。它们生活在洞穴里，会利用尾部发出的荧光吸引猎物靠近。

扑啦啦
扑啦啦
扑啦啦

耶！终于出来了！

哇！

扑腾！

凯瑟琳觉得自己在黑乎乎的水下游了好久。终于，戴维示意他们可以上浮了。

小真菌蚋的捕食过程

| 小真菌蚋从吻部吐出丝线，这些丝线上挂着一滴滴黏液。 | 每一只小真菌蚋都会制造几十条丝线，就像帷幕一样。 | 小真菌蚋用尾部的发光体发出蓝色的光吸引猎物。 | 很多只小真菌蚋共同制造了一个丝线"陷阱"。 | 它们一起在洞穴顶部发光，营造出虚假的星空。 | 猎物向蓝光飞去，却被粘在丝线上，无法逃脱。 | 小真菌蚋发现猎物上钩，慢慢地收回丝线。 |

25

即使看到的星光是假的，大家也感觉内心轻松了许多。他们一边走一边到处看。突然，跑在最前面的威廉惊叫了一声——

快看！前面有光！

真的有光！大家情不自禁地朝着光跑了起来。

在一个拐弯后，他们终于再次见到了阳光！

啊！好刺眼！

猫的瞳孔会随着光线的变化而变化，人的瞳孔也会发生变化，只不过变化的幅度非常小。眼睛这种可以根据环境照明变化而调节自己的敏感性的能力，叫作"视觉适应"。

当人突然从黑暗的环境进入明亮的环境时，瞳孔缩小，眼睛无法睁开。大约经过1分钟后，眼睛才能完成明适应。

当人突然从明亮的环境进入黑暗的环境时，瞳孔变大，眼睛看不到黑暗里的物体。经过5到30分钟的漫长等待后，眼睛才能完成暗适应。

你好！有人吗？

这是一个巨大的露天洞穴，洞高超过100米，陡峭的岩壁上长满了苔藓和各种灌木，洞口的各种植物郁郁葱葱。

如果攀岩的话……

我们距离洞口太远了，无法将绳子抛到那么高的地方。

不行，这个岩壁太陡峭了，我们缺少攀岩的工具。

被困在地下这么久，我都快忘记阳光照在身上是什么感觉了！

是阳光！

再次看到太阳和植物时，才发现它们是多么珍贵！

我的歌声真是太完美了！

你一定要在半夜唱歌吗？

就像光会被反射一样，声音也会被反射。经过物体反射后到达我们耳朵的声音叫作回声。

蝙蝠通常只在夜间出来活动和觅食，但它们从来不会撞到障碍物上，就是因为它们可以通过回声定位判断周围障碍物的位置和大小。

如果声音被反复反射，就会形成多重回声，这些回声混合在一起，就变成了混响。

提起洞穴，大家总是会想到溶洞，毕竟这是世界上分布最广泛的洞穴种类。但地球上还有很多不同的洞穴，比如石膏洞、玄武岩洞和冰川洞等。说真的，不亲眼去看一看，你永远无法想象它们的壮美。

地面近在眼前，但他们仍然出不去。孩子们垂头丧气地离开了这个露天洞穴，重新走进黑暗的隧道中。

嘿！

嘿！

啊！

没关系，至少我们距离地面越来越近了。下一次，我们一定能出去。我保证！

他们兴奋地沿着岩壁转了一圈，想要找到出去的路，但一无所获。威廉和凯瑟琳朝着地面大声呼救，但回应他们的只有回声。

冰川冰融化后，水从冰川内部流过，留下了中空的冰川洞。

千百万年来，硫酸和石灰岩在深不可测的黑暗地下缓慢反应，最终形成雷修古拉石膏洞里精美绝伦的"石膏雕塑"。

1863年，随着城市发展越来越快，越来越多的人涌入城市，使得地面空间越来越拥挤，于是，英国伦敦建起了世界上第一条地铁。如今，地铁已经成为城市交通的重要组成部分之一。

在北京，城市客运系统每年运送乘客量超过80亿人次。其中，将近一半的客运量是由地铁提供的，地铁的每日客运量超过1000万人次。其余的出行方式包括出租车、公共汽车、自行车等。

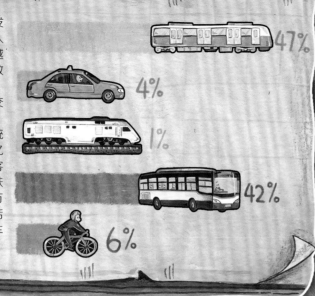

47%

4%

1%

42%

6%

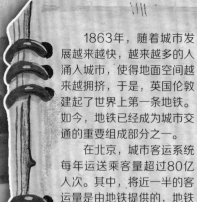

地铁的门具有障碍物检测功能。当它检测到有物体挡住门时，会立刻弹开，避免对乘客造成伤害。

地铁的车轮内侧边缘部分比外侧突出，这样设计是为了让地铁能紧紧卡在轨道上。

为了减少地铁对地面建筑的影响，地铁的轨道上有时会安装减震设备。

默默走了很久，戴维在寂静中隐隐约约听到了一些声音。但现在，他不敢随便给孩子们希望，于是他保持了沉默。然而，这个声音越来越大。

当然，原来你们都可以听到。我还以为我出现幻听了。

听到声音又怎么样？我们还是出不去。

威廉，你知道在探险中，什么才是最重要的吗？

是希望！
因为有了希望，我才能一次又一次地脱离险境。

爸爸，你有没有听到什么声音？

地铁修建在地下，运行过程中没有任何明显的参照物，到站停车的时间也非常短暂，因此为了避免乘客坐过站，每个地铁站都会尽量设计独具特色的装饰，有些地铁站甚至成了城市文化的宣传地。

针对各地区不同的地形，地铁站的修建有着不同的方法，但无论哪种方法，修建地铁时都要使用钢板或者浇筑钢筋混凝土来支撑挖出的洞。

① 明挖法

在地面建筑少的地区，建造地铁站通常使用明挖法。工人们将要施工的区域围起来，然后自上而下开挖。

② 盖挖法

盖挖法对地面的影响更小。工人们在要修建地铁站的路面上方搭建一层支撑面，确保路面不会坍塌，然后在支撑面下施工。

地铁站挖好后，就需要盾构机上场了。它会在两个车站之间挖出长长的隧道以供地铁通行。

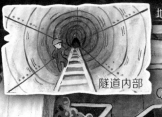

隧道内部

盾构机头部的特殊刀片可以粉碎土壤和岩石。

螺旋传送带负责将挖出的土运送出去。

用来拼接成隧道壁的管片

这声音听起来不像是自然界能够发出的……

我知道了，是地铁！我们离地铁很近！

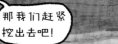

那我们赶紧挖出去吧！

地铁周围都是钢筋水泥，根本不可能挖通。

不过，这说明我们已经到了城市。

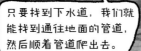

只要找到下水道，我们就能找到通往地面的管道，然后顺着管道爬出去。

伴随着地铁的轰鸣声，四个人难得地睡了个好觉。离开城市太久，此时的地铁声就像是他们重返地面的号角。

29

奇怪，我的衣服上怎么这么多灰尘。

我的头发上也有好多灰尘。

快点儿跟上，孩子们！

地球上每年发生的地震超过500万次，但只有极小一部分会被人们感知到。这些地震大多数是由板块运动引发的。

① 地球的岩石圈是由几块大陆组成的，人们把它们称为"板块"。

② 如果这些板块互相不干扰，那么地面会非常平坦。

③ 然而这些板块是不断运动的，它们相互挤压或者逐渐分离，从而形成新的山脉或者新的海洋。

④ 在运动的过程中，板块交接处承受的压力越来越大，直到某天突然断开，产生巨大的能量。这时，断裂面两侧的岩石就会发生位移，形成断层。

地垒

地堑

平行断层

好在这只是一场小小的地震，没过多久就停止了。

在睡梦中，戴维感觉到了一阵摇晃。他睁开眼，发现有灰尘和碎石掉了下来。糟糕，是地震！戴维小心翼翼地叫醒了詹姆斯。

他们把孩子们围在中间，紧张地看着周围的岩壁。

震级可以用来表现地震的大小。震级相差一级，所释放的能量相差大约32倍。

1级地震有多大？曾经有人做过一个实验，让50万人同时跳跃，当他们落地后，等候在一旁的地震学家仅仅检测到了0.6级的地震。

地震应急避险手册

遇到地震时，我们需要快速判断自己周围的环境，然后立刻采取行动。

如果是在室内，那么要尽快躲到桌子等坚固物体下方，一边用手或其他柔软的物体保护头部，一边用手抓紧桌腿等物体，避免在晃动的过程中离开坚固物体的保护。

如果是在室外，那么要尽快跑到空旷的地方，远离建筑物。

公元132年，科学家张衡发明了一个可以测验地震方位的仪器——候风地动仪。这台仪器上有8条龙，每条龙的身体里都有一个滑道，这8条滑道连接着仪器中央的震摆。当某个方向发生地震时，面向那个方向的龙就会吐出一颗小球，掉进蹲在龙下方的铜蛤蟆嘴里。

地震发生时，不同区域遭受的损害并不相同，这主要取决于地震震级的大小和距离震源的远近。

海啸

山体滑坡

传染病传播

山区泥石流

震源垂直向上到达地表的距离叫震源深度。

地球内部发生地震的地方叫震源。

化学品和放射性物质泄漏

火灾

人员伤亡

房屋倒塌、路面裂开

也许是心情变得轻松了，威廉和凯瑟琳感觉自己没走多久就来到了下水道。

在詹姆斯的提醒下，大家带上了头盔，凯瑟琳觉得舒服了一些。

天哪！好臭！

我们快点儿离开这里吧！

这是污水和脏东西长年累月形成的顽固污渍吗？

当气味进入鼻子，并且和鼻腔上部的嗅细胞发生作用时，人们就会"闻"到气味。有一些物质具有强烈的臭味，所以人们把它们叫作恶臭物质。

未来三周内，我觉得我都会是这种味道，这太可怕了！我再也不好奇井盖下面有什么了！

回家后，我一定要好好地洗个澡。

虽然下水道又脏又臭，但它承载了整个城市的污水和废水，所以我们才能有干净整洁的城市。

看这些管道，里面的污水可能来自浴室、马桶、厨房、洗衣机、洗碗机，也可能来自各种各样的工厂。

说出来你们可能不信，在19世纪的法国巴黎，人们以参观过下水道为傲。因为在当时，只有官员和富豪才有机会被邀请进入下水道参观。

氯气

硫化氢

醛类

氨气

1867年，巴黎举办了世界博览会，很多国家的政府官员、工程师受邀参观巴黎的下水道。几年后，人们将一部分的下水道改建为下水道博物馆，并对外开放。

水里不会有变异的怪兽突然跳出来吧?

怪兽应该不会出现，但水里可能会有一条饥肠辘辘的鳄鱼。

鳄鱼？它怎么会出现在下水道呢?

不知道，但确实有人在下水道里发现过一只尼罗鳄，它靠吃生活在这里的老鼠为生。不过在下水道里，钥匙比鳄鱼常见得多。

他们小心翼翼地走在污水河上方的铁架桥上，生怕一不留意掉下去。

走着走着，他们来到了一个有着很多高大柱子的地方。

钥匙、硬币、笔、戒指、项链……下水道里总有很多本来不属于这里的东西。1984年，巴黎的下水道工人在这里发现了一只活的尼罗鳄，这应该是在下水道里发现的最稀奇的东西了。

这应该是城市的排水系统。有些城市海拔比较低，遇到暴雨时，城市里的水不能顺利地排出，容易发生内涝灾害，所以人们就将城市里的水集中排放到这里，再通过水泵将水排出。

我们终于逃出地底了!

咯吱——

这……这是真的吗？我不是在做梦吧?

戴维，这里有梯子!

哇!

这是什么地方？好多柱子呀!

33

"地面以下"主题调查

调查人：威廉

獾的全身几乎都是深色的，但头部有三条非常显眼的白色条纹。它们喜欢把洞穴建在大树下。到了寒冷的冬天，它们会进入冬眠。

根是植物最重要的器官之一，几乎所有植物的根都藏在看不见的地下。根维系着植物的生长，负责运输水分和营养。

有些植物的根在漫长的演化过程中发生了巨大变化，形成了肥大肉质直根、块根、气生根等。

我们平时看到的蚂蚁窝仅仅是蚁穴的一小部分，蚁穴的大部分藏在地下！

赤狐平时会住在石缝、树洞或者其他动物废弃的洞穴里，当它们准备生产幼崽时，就会寻找或者挖一个又深又安全的洞穴住下。

工蚁是蚁群中数量最多的蚂蚁，它们的主要职责是照顾幼虫、采集食物、建造和清洁蚁穴、保卫蚁群。

蚂蚁的发育过程

鼹鼠有着小小的耳朵和小小的眼睛，它们视力很差，但嗅觉和听觉非常灵敏。

蚁后

位于中国陕西地下的兵马俑坑是秦始皇的陪葬坑，目前已发现4个坑，坑内有大量的陶俑、陶马、青铜兵器、车马器等，几乎真实再现了秦军气势磅礴的军阵场面。

这尊跪射俑发现于2号坑，是重装步兵的一种。它单膝跪地，双手呈持弩状，好像准备随时发起进攻。

这把铜伞的边缘最薄处仅厚1毫米。

驭手站在马车上，身体微微前倾。

铜车马按照真人真马真车的二分之一比例制作，由4匹马、1名驭手和100多组零部件构成，每组部件又由几个到几十个小构件连接、组合而成。

车轮由30根辐条构成。

通过挖掘出的恐龙化石，古生物学家们可以推测出恐龙的生理构造和外形。

"化石"这个词来源于拉丁文，原意是"挖掘"。化石的形成需要数百万年的时间，因此人们发现它们时，它们通常深埋在不见天日的地下。

写给同样勇敢的你

好吧，我确实说过再也不好奇井盖下面有什么了。但我无法否认，神秘的地下世界对我有着极大的吸引力！

想想看，人类站在地面上已经几百万年了，我们抵达过月球，指挥"勇气号"和"机遇号"前往火星进行研究，绘制过几十万光年外的星系，但是从来没有深入地了解过脚下的这片土地——我们挖掘的最深的洞仅仅12千米，连地球半径的百分之一都不到。

我曾经以为没有任何生物可以在没有氧气和阳光的地下生存，但在这次旅程中，我发现事实并非如此。

绝大多数人都害怕暗无天日的地下，但当危险来临，逃往地下仍然是人们的第一选择。

地下的世界就像是地球的另一面，生命在这里以超乎想象的顽强生存着。我渴望了解更多关于地下的知识，而这一切，都源于这一次的奇特经历！偷偷说一句，我真的很庆幸当初悄悄跟着爸爸进入了山洞！

威廉

图书在版编目（CIP）数据

环球探险记. 地下三万米 / 日知图书编著. —长春:
北方妇女儿童出版社, 2024.1
（图说天下：儿童版）
ISBN 978-7-5585-7744-4

Ⅰ.①环… Ⅱ.①日… Ⅲ.①地下－探险－儿童读物
Ⅳ.①N8-49

中国国家版本馆CIP数据核字(2023)第161939号

环球探险记
地下三万米
HUANQIU TANXIAN JI　DIXIA SANWAN MI

出 版 人	师晓晖	
策 划 人	师晓晖	
责任编辑	李绍伟	
整体制作	北京日知图书有限公司	
开　　本	640mm×1010mm　1/12	
印　　张	3	
字　　数	50千字	
版　　次	2024年1月第1版	
印　　次	2024年1月第1次印刷	
印　　刷	鸿博睿特（天津）印刷科技有限公司	
出　　版	北方妇女儿童出版社	
发　　行	北方妇女儿童出版社	
地　　址	长春市福祉大路5788号	
电　　话	总编办：0431-81629600	
	发行科：0431-81629633	

定　　价　24.60元